自然中的智慧

平凡特技师

临　渊　著　梦堡文化　绘

河北出版传媒集团　河北少年儿童出版社

图书在版编目（CIP）数据

平凡特技师 / 临渊著 ； 梦堡文化绘 . — 石家庄 ：
河北少年儿童出版社， 2022.3
（自然中的智慧）
ISBN 978-7-5595-4882-5

Ⅰ . ①平… Ⅱ . ①临… ②梦… Ⅲ . ①自然科学一少
儿读物 Ⅳ . ① N49

中国版本图书馆 CIP 数据核字（2022）第 024355 号

自然中的智慧

平凡特技师

PINGFAN TEJI SHI

临 渊 **著** 梦堡文化 **绘**

策　　划　段建军　蒋海燕　赵玲玲
责任编辑　尹　卉　　**特约编辑**　姚　敬
美术编辑　牛亚卓　　**装帧设计**　杨　元

出　　版　河北出版传媒集团　河北少年儿童出版社
（石家庄市桥西区普惠路 6 号　邮政编码：050020）
发　　行　全国新华书店
印　　刷　鸿博睿特（天津）印刷科技有限公司
开　　本　889 mm×1 194 mm　1/16
印　　张　3
版　　次　2022 年 3 月第 1 版
印　　次　2022 年 3 月第 1 次印刷
书　　号　ISBN 978-7-5595-4882-5
定　　价　39.80 元

目录

苍耳

在很多地方的山坡上、灌木丛中、路边，都生长着苍耳。苍耳结出的果实叫苍耳子。

苍耳植株结出了果实

苍耳子长得像一个小小的纺锤，里面有种子，而外面长满了密密麻麻的刺，这些刺不仅坚硬而且末端都有倒钩。

苍耳子刺的末端都有倒钩

不同成熟阶段的苍耳子

如果有人或动物从苍耳的身边走过，苍耳子就会钩在对方身上，一起远走它乡。苍耳就是用这个办法来传播种子的。

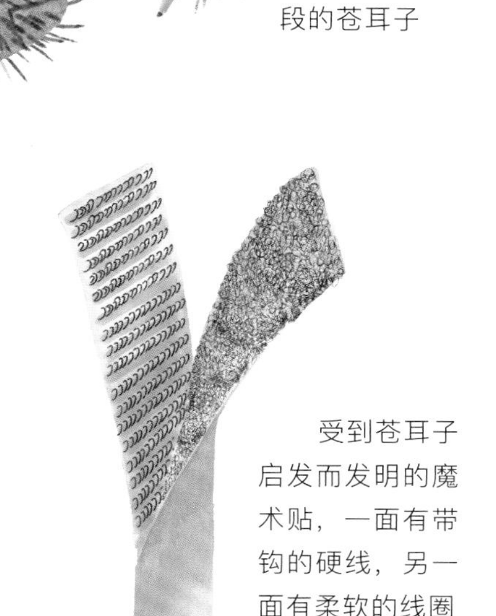

受到苍耳子启发而发明的魔术贴，一面有带钩的硬线，另一面有柔软的线圈

20 世纪 40 年代的一天，有个名叫乔治的瑞士工程师带着他的狗到森林里散步，回到家后，他发现自己的裤子和狗的身上都粘着很多苍耳子，而且很难择（zhái）下来。受此启发，乔治发明了魔术贴，也叫粘扣带。

苍耳子粘在了狗的毛上，很难择下来

魔术贴通常由两面织物组成，一面排列着末端带钩的硬线，另一面排列着细小柔软的线圈。当两面织物被用力压紧时，便会粘连在一起；需要的时候，只要稍稍用力就能将它们分开。

由于魔术贴可以反复黏住、分开，现在已经被广泛应用在鞋子、箱包、衣服等物品上。

魔术贴被广泛应用在各种物品上，比如鞋子

小贴士

在我国，很早以前苍耳就被用作中药的药材，它的根、叶、花和果实都可以入药。

荷

每年的夏天，很多水塘都会变成荷叶的天下，它们像绿色的圆盘一样，伫立在水中，美丽极了。

荷叶和荷花伫立在水面上

这些荷叶有个神奇的本领，它们是不沾水的，而且总是很干净，秘密就在于其不寻常的结构。

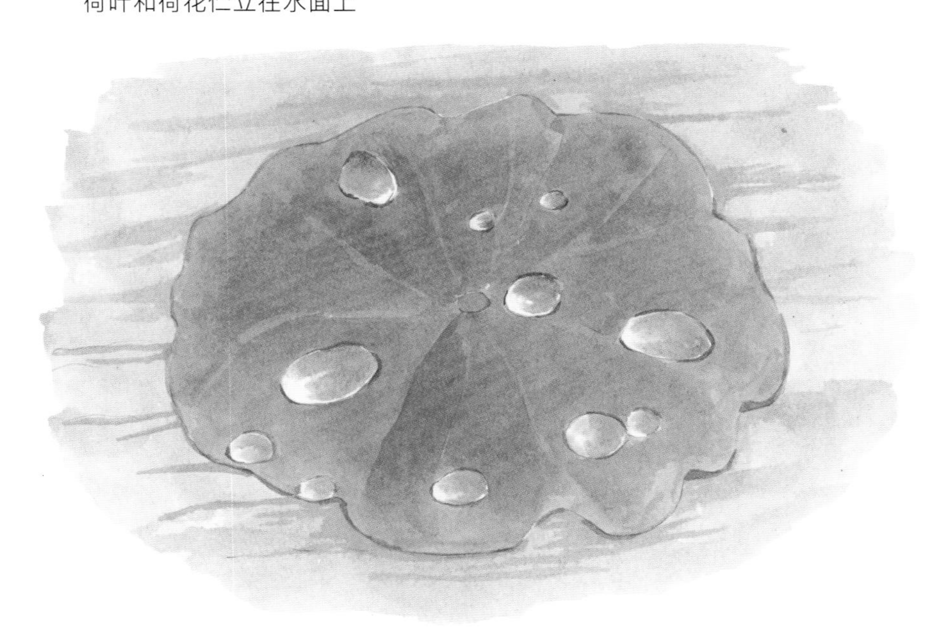

荷叶上有很多水珠

如果把荷叶放在显微镜下观察，你会发现它的表面有一层绒毛和密密麻麻的蜡质凸起，或大或小，但分布均匀，这种粗糙的表面结构可以减少荷叶与水滴的黏合力。以至于水一落在荷叶上，就会变成一个个小水珠，滚来滚去，并带走荷叶表面的灰尘、细菌等。

在显微镜下，可看到荷叶表面有很多凸起结构

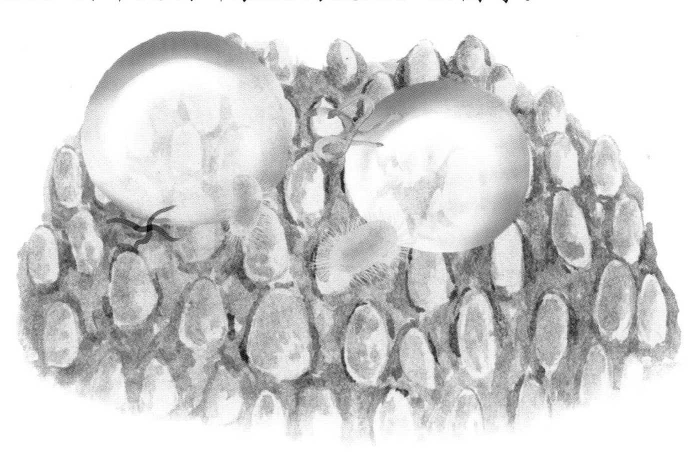

小水珠可卷走荷叶粗糙表面的灰尘、细菌等，使荷叶保持清洁

防水服既可以防水，也可以防尘

科学家受到荷叶这种结构的启发，开发出了很多具有自净功能的物品，既可以防水还可以防尘。比如，防水服，这样的衣服表面有一层类似荷叶的膜，可以将衣服和水隔离开。

还有一种新型材料——纳米自清洁涂料，将这种涂料喷在玻璃、金属表面上，就会很快形成坚固耐用的纳米保护膜，落在上面的灰尘、细菌等可以很容易地随水一起流走。

金属表面的自清洁涂料，就像一层保护膜

小贴士

荷和莲指的是同一种植物，只是一般人们会称呼叶和花为荷叶、荷花,而称呼种子为莲子。

只要条件合适，一枚莲子可以存活千百年，科学家曾经种活了两千多年前的莲子。

在古代，萤火虫有很多美丽的名字，比如“景天”“夜光”“耀夜”等。

萤火虫是一种会飞的甲虫，乍一看和蝇类有点像，只是它们都会发光——尤其到了夏天的夜晚，总能看见萤火虫一边飞行，一边一闪一闪地发光。这是因为萤火虫的腹部有能发光的构造。有意思的是，如果把萤火虫捧在手心里，一点儿也不会觉得它们发热。

夏天的夜晚，潮湿的树林中有很多萤火虫

捧着发光的萤火虫，也几乎感觉不到它发热

经过研究，科学家发现，萤火虫的腹部末端有个称为发光器的部分，里面的荧光素会随着萤火虫的呼吸而一闪一闪的发出光来。

萤火虫腹部的发光器发出了荧光

不同种类的萤火虫发出的光颜色不一样，有的偏黄，有的偏绿；发光的方式也不一样，有的快、有的慢，还有的不闪烁，就像小灯泡一样一直亮着。萤火虫主要通过发光来求偶，有些也以此来警告天敌。

雄性萤火虫飞向树干上的雌性萤火虫

另外，萤火虫发光时，可以将绝大多数能量都转化为光能，仅有很少的能量会转化为热能，也就是说，萤火虫用最少的能量发出了最亮的光。这也是萤火虫发光但不怎么发热的原因。

根据这个原理，科学家研制出了新型的LED（发光二极管）灯泡，不但使用寿命长、比较节能，而且发光的时候摸起来不会烫，和传统的灯泡比起来进步不少呢。

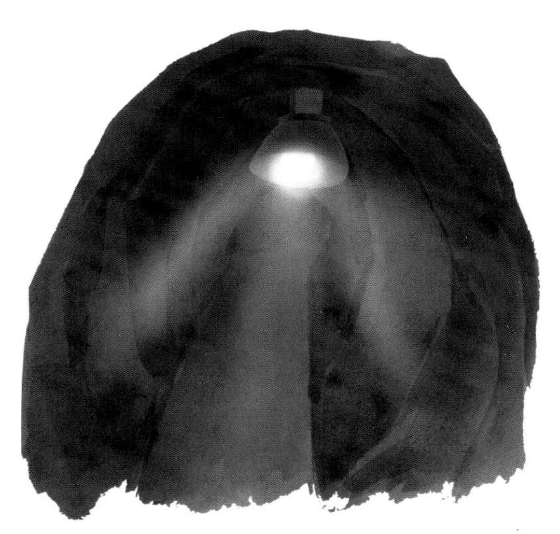
安装在地下矿井中的新型LED灯，既明亮，又节能，长时间使用也不会发烫，更安全

小贴士

我们常常看到的发着光的萤火虫都是成虫。其实，萤火虫在即将从卵里孵出之时，就能发出淡淡的荧光了，而且它在幼虫期、蛹期也都会发光。

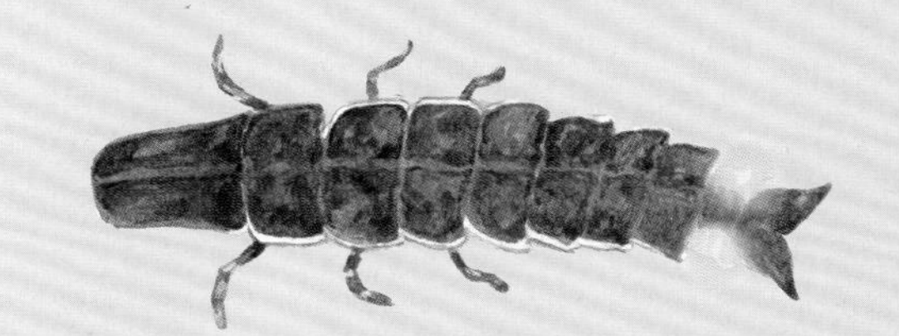
萤火虫的幼虫也会发光

苍蝇

苍蝇是种令人讨厌的动物，它们常常在垃圾堆、粪便以及人们的食物周围飞来飞去。据研究，一只苍蝇身上大约有数十万到数亿个细菌，还会传播很多种疾病。

到处乱飞的苍蝇

一只苍蝇落在剩饭菜上

一旦有危险，苍蝇总能迅速飞离，人们要想一巴掌拍死它，那可就太难了。

人们用手很难拍到苍蝇

苍蝇有着高超的飞行技巧，不仅能够瞬间起飞、降落，还可以朝任意方向飞，这主要归功于苍蝇拥有一对很棒的后翅。

和所有的昆虫一样，苍蝇也拥有两对翅膀，只不过它只用一对前翅飞行，而一对后翅已经特化，形成了像哑铃一样的平衡棒。苍蝇飞行的时候，一旦身体倾斜或偏离了方向，这对平衡棒就会扭转、振动，帮助苍蝇保持身体的平衡。

苍蝇的后翅特化成了像哑铃一样的平衡棒

科学家受到苍蝇后翅结构的启发，成功研制出了一种新型振动陀螺仪，将它安装在火箭、飞机或其他一些航天器上，可使其能保持在正确的轨道上运行。

苍蝇的眼睛很特殊，有三只单眼，和两只由4000多个小眼构成的复眼，这使得苍蝇的眼睛不仅有高分辨率，还几乎能够同时看到前方和后方。因此，科学家还根据苍蝇眼睛的构造，研制出了“蝇眼”照相机，可广泛应用于科学研究和军事领域。

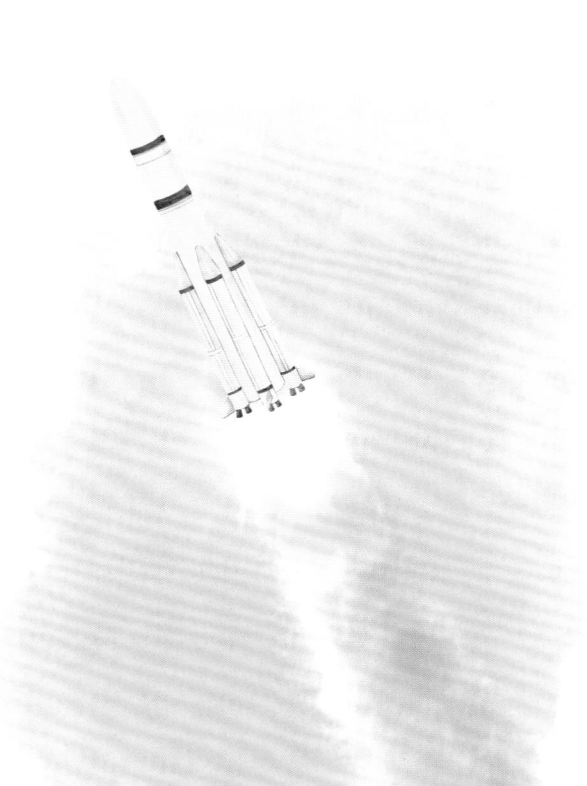

安装了新型振动陀螺仪的火箭，可在正确的轨道上飞行

苍蝇的复眼和根据其复眼的构造研制的“蝇眼”照相机

小贴士

苍蝇妈妈喜欢在粪堆里产卵。它的卵是乳白色的，大约只需要十几个小时，苍蝇幼虫就会从卵里孵出来，这时候的幼虫，俗称蝇蛆，喜欢在粪堆里钻来钻去，吞食腐败发酵的有机物，此时的它，最讨厌强光。

蜻蜓

轻盈而美丽的蜻蜓是真正的“飞行家”，不仅飞得快、飞得远，而且它除了可以朝前飞，还可以向下飞，或者向左、右飞，甚至还能在高速飞行中突然来个“急刹车”，然后稳稳地悬停在空中。

可以悬停在空中的蜻蜓

蜻蜓的这种本领令科学家十分震惊。因为早期人们研制的飞机在高速飞行时，常常会剧烈震动，这个震动会造成机翼震颤，使飞机失衡，有时甚至还会导致机翼折断。

科学家在仔细研究了蜻蜓的翅膀之后，发现蜻蜓前后翅的前缘各有一小块深色的不透明斑纹，正是因为有了这些斑纹，蜻蜓才可以在高速的飞行中避免翅膀震颤，使飞行保持稳定，安然无恙。

落在植物上的蜻蜓，双翅平展开

于是，科学家就在飞机的机翼内部相同的位置，增加了类似的结构设计，从而顺利解决了早期飞机震动这个问题。

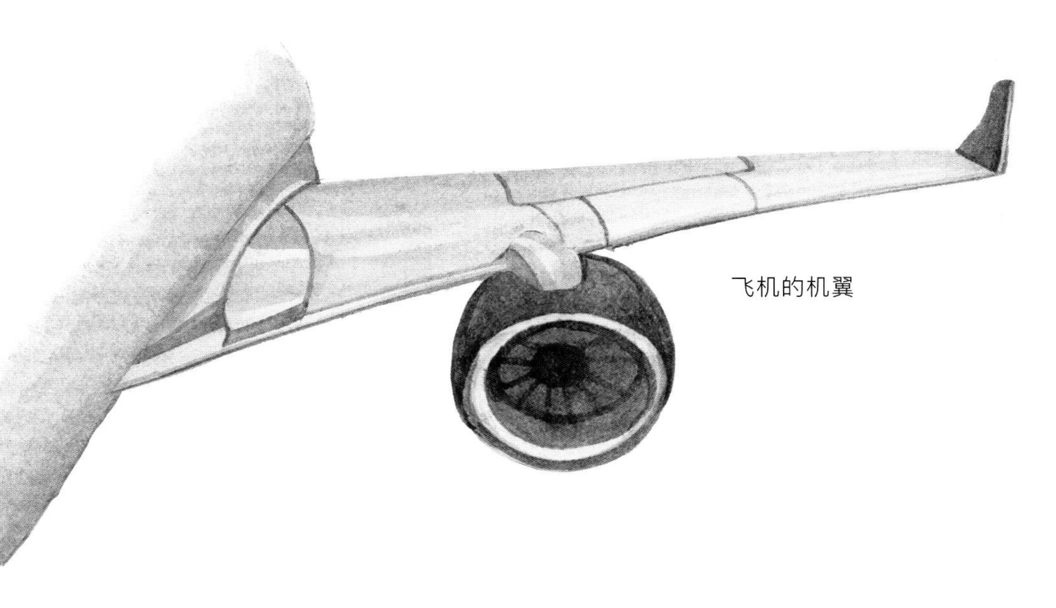

飞机的机翼

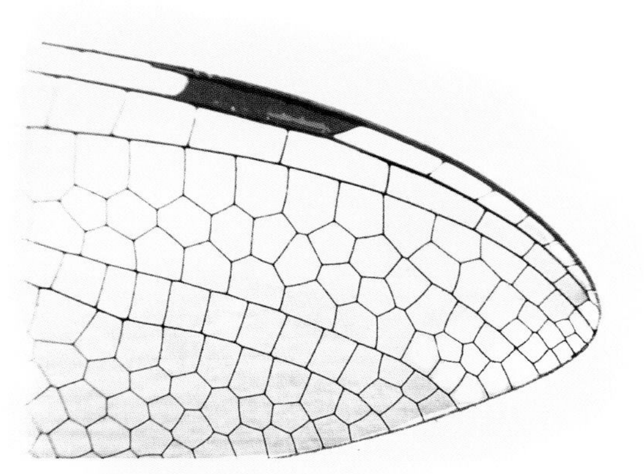

蜻蜓的翅痣，其实是一个加厚的角质空腔

蜻蜓翅膀上的这块深色的不透明斑纹，被称为翅痣，是一个加厚的角质空腔，里面含有极少的液体，虽然重量只有翅重的 0.1%，但是如果去掉它们，蜻蜓飞起来就会摇摇摆摆，飘忽不定。

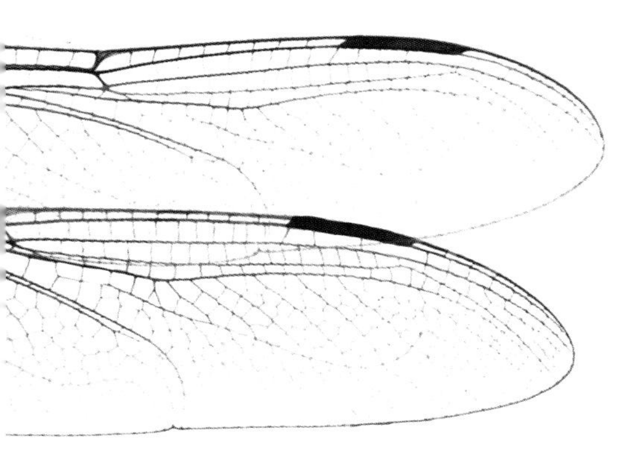

蜻蜓的前后翅上均有深色的翅痣

小贴士

蜻蜓的视力很好，它拥有一对硕大的复眼。每一个复眼都由数万个小眼组成。很多小昆虫，比如蚊、蝇、蚜虫等都害怕被蜻蜓发现，因为蜻蜓很喜欢抓它们吃。

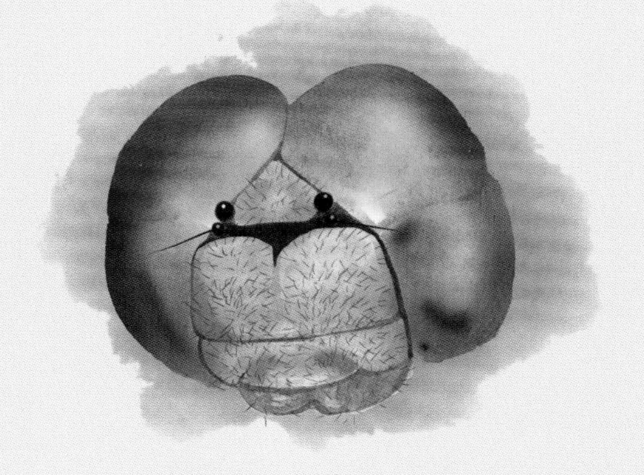

蜻蜓的一对复眼

纳米布沙漠甲虫

纳米布沙漠甲虫是一种小巧的、黑褐色的甲虫，有着小小的脑袋以及可以盖住整个身体后部的鞘翅。

纳米布沙漠甲虫

纳米布沙漠甲虫有一个很有趣的习惯，那就是，它喜欢在晨雾弥漫或湿度较大的夜里，身体前倾、低下脑袋，努力抬高屁股，看起来就像在玩“倒立”的游戏。其实，它是在“喝水”。

纳米布沙漠甲虫身体“倒立”起来，以收集空气中的水分

如果仔细看，就会发现在纳米布沙漠甲虫的背上有一个个小突起，这样的结构可以促使雾气在小突起的顶点凝结，水珠越聚越大，然后从顶点滚下来，顺着倾斜的背部沟槽慢慢流到纳米布沙漠甲虫的嘴中。在干燥的沙漠中，这一点点水就可以使它们活下去了。

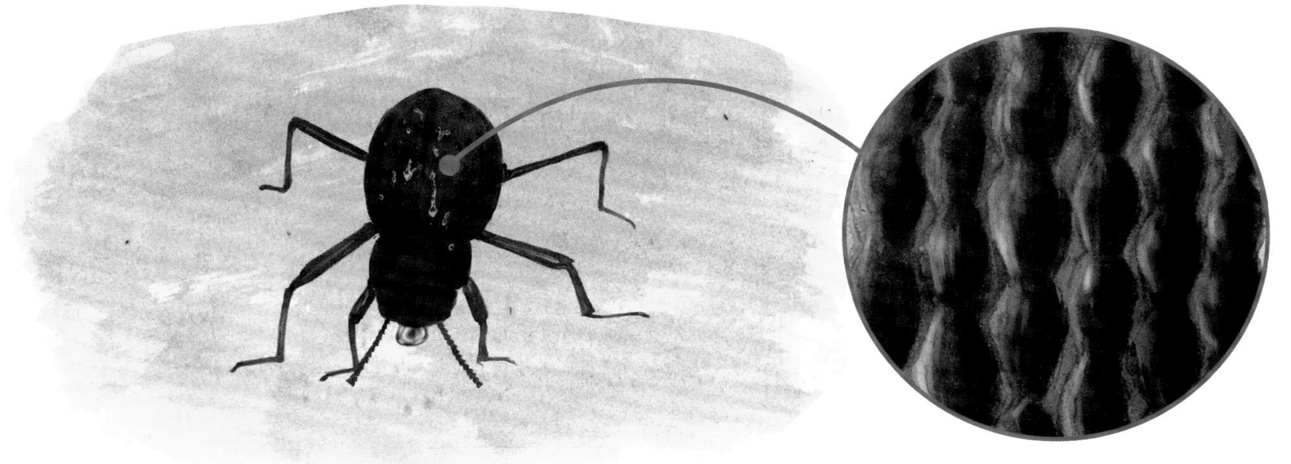

小水珠顺着纳米布沙漠甲虫的背部一直流到它的嘴里

纳米布沙漠甲虫背上的小突起和沟槽结构

研究人员发现了纳米布沙漠甲虫奇妙的收集水的绝技之后，便开始了模仿学习，于是设计出了一种小型集水装置。

此外，受到纳米布沙漠甲虫的启发，科学家发明了一种称为捕雾网的水收集装置。这种网上有很多小小的、易于水蒸气凝结的网眼，可以收集空气中的水分子，等网眼中的水分子多了，就会沿着沟槽向下流，汇集到下方的集水槽里储存起来。

类似纳米布沙漠甲虫背部结构的集水装置

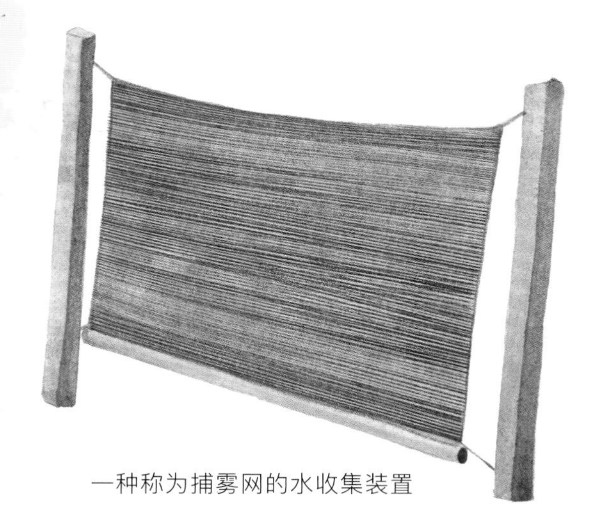

一种称为捕雾网的水收集装置

小贴士

纳米布沙漠甲虫不会飞，但它有很长的腿，能高高地支起身体，使它在沙漠中奔跑时，快得如同溜冰一样。

红珠凤蝶

红珠凤蝶是一种又酷又美的蝴蝶，除了一点点的红色和白色之外，它几乎全身都是黑色的。黑色的触角、黑色的背，连翅膀的大部分也是黑色的。

落在花上的红珠凤蝶

红珠凤蝶平展双翅晒太阳

几乎覆盖红珠凤蝶全身的黑色，可以让它生存得更好。

因为所有蝴蝶的体温都会随着外界温度的变化而变化，为了保持温暖，蝴蝶会张开翅膀晒太阳，而黑色可以使它们更好地吸收阳光，获得热量。

科学家发现红珠凤蝶的翅膀上有成千上万枚微小的鳞片，像房子上的瓦一样堆叠着，鳞片上还有很多更小的孔洞，这些孔洞有助于光线散开，帮助蝴蝶更好地吸收能量。

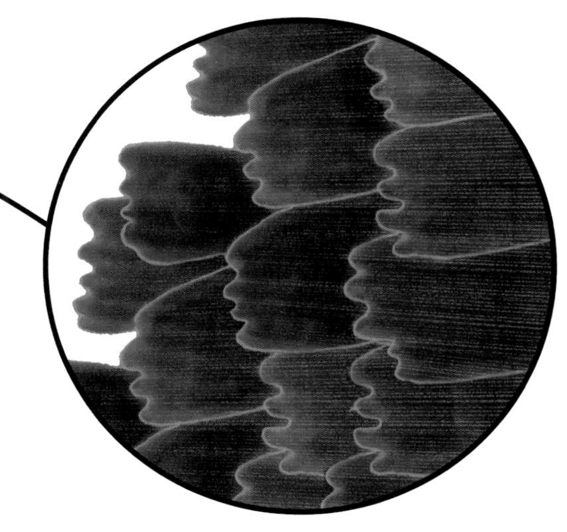
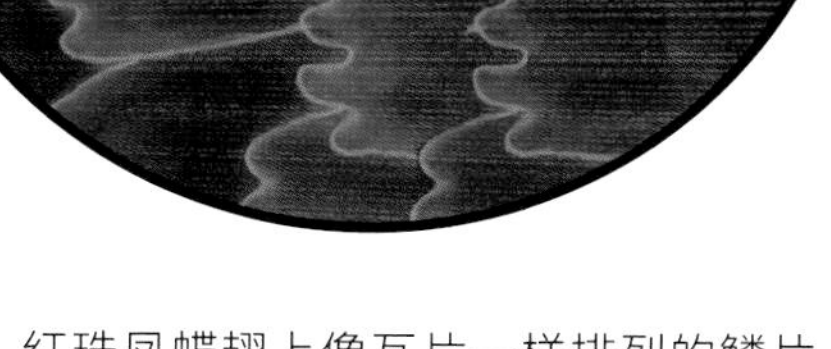

红珠凤蝶翅上像瓦片一样排列的鳞片

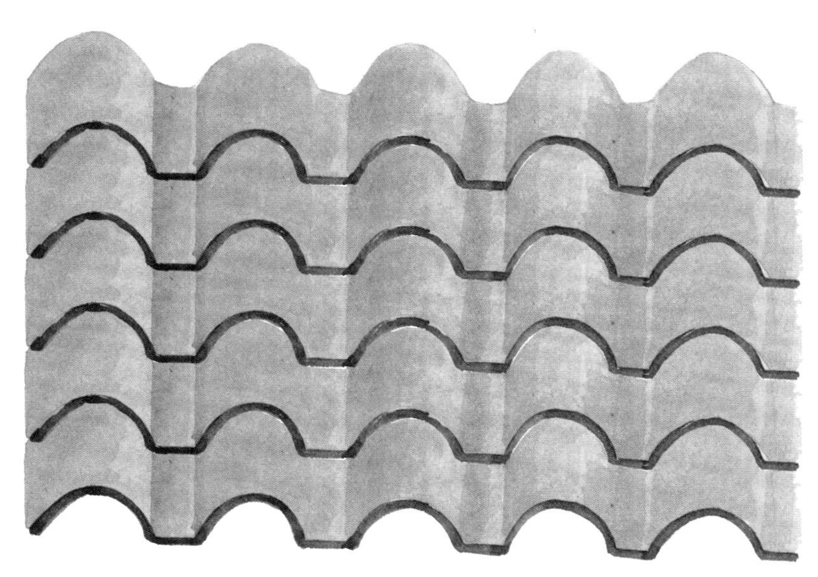

屋顶上堆叠的瓦片

于是，人们模仿红珠凤蝶翅膀上的鳞片结构，设计出了一种新型的太阳能电池板。结果发现这种太阳能电池板果然比传统的太阳能电池板吸收效率更高、效果更好。

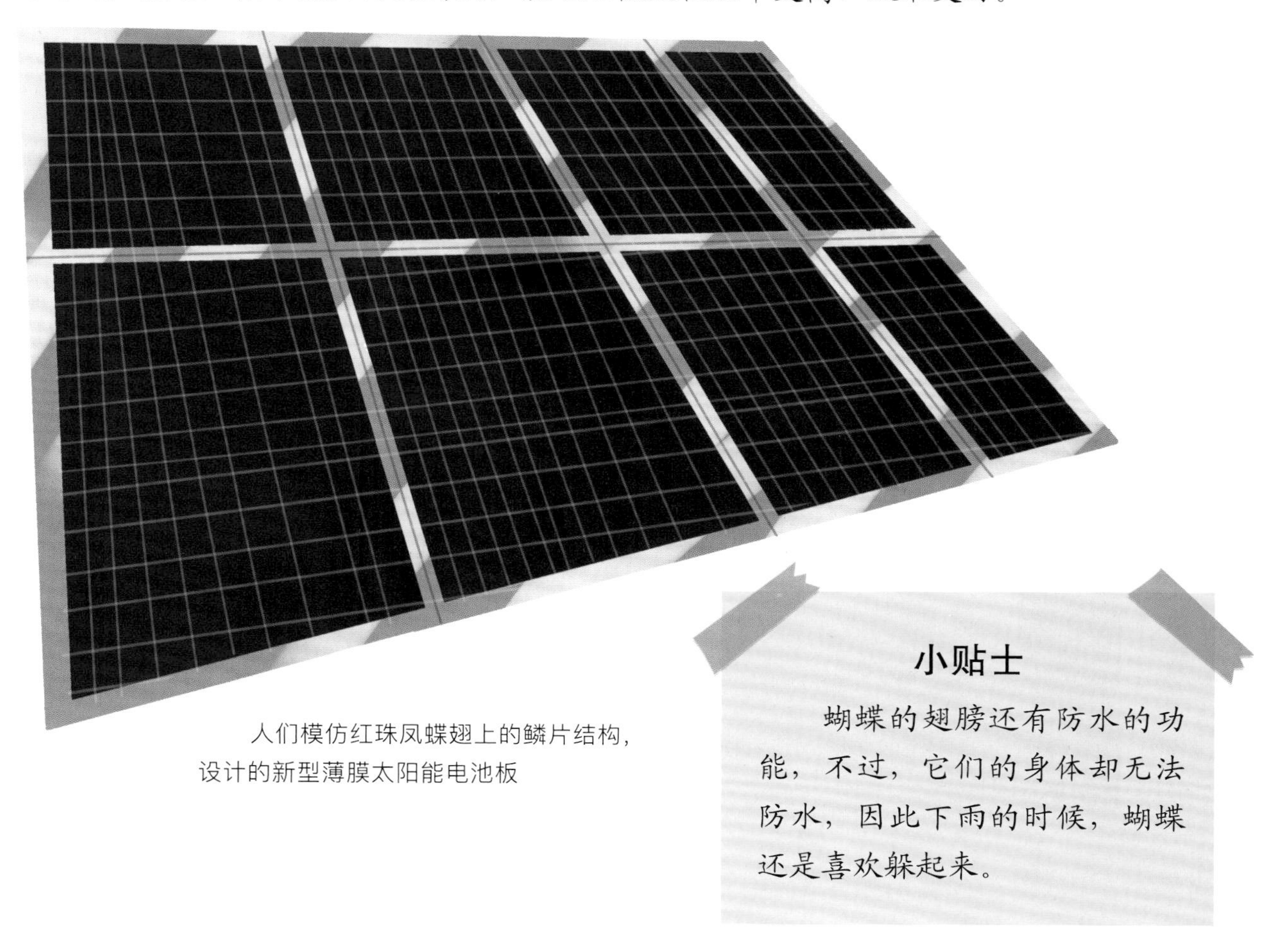

人们模仿红珠凤蝶翅上的鳞片结构，设计的新型薄膜太阳能电池板

小贴士

蝴蝶的翅膀还有防水的功能，不过，它们的身体却无法防水，因此下雨的时候，蝴蝶还是喜欢躲起来。

蜘蛛

什么东西的强度和韧性超过了钢铁？什么东西在被抻拉之后依然完好无损不断裂？

答案是蜘蛛丝。

蜘蛛和它所在的蛛网

绝大多数蜘蛛都会吐丝，不同种类的蜘蛛吐出的丝，作用不尽相同，人们已经发现蜘蛛能利用蜘蛛丝移动、捕猎、保护卵、包裹猎物、结网等。

蜘蛛从它的腹部末端“吐”出了丝

蜘蛛网上凝结的小水珠

可惜，人们无法建一个“蜘蛛饲养场”来收集蛛丝，原因很简单，大多数蜘蛛都喜欢独居，当它们被迫待在一起时，常常会大打出手。因此，科学家研究、仿制出了各种不同的人造蜘蛛丝。

有的科学家利用新研发出的人造蜘蛛丝制作出了一种特别的运动鞋，只要把这种鞋放到水里，并加入特殊的酵素，运动鞋就会自然降解，十分环保。

用人造蛛丝制作的运动鞋，十分环保

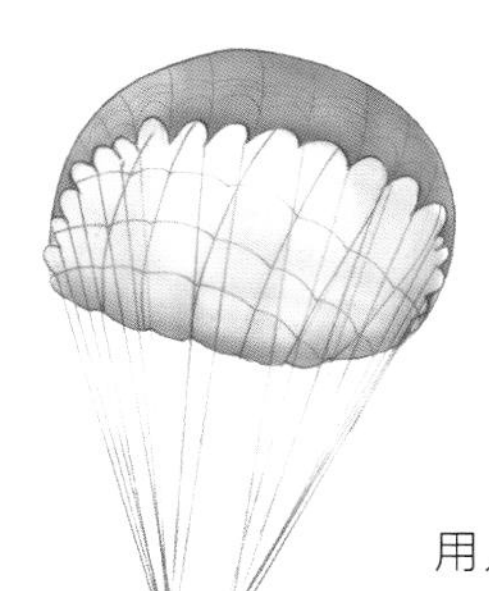
用人造蛛丝制作的降落伞，既轻便又强韧

有的科学家利用人造蜘蛛丝制造出了防弹背心和降落伞，不仅极轻还非常强韧。

还有的科学家正在研制一种能代替医用缝合线的人造蜘蛛丝，这种丝线又细又结实，还能被人体吸收，可以完全避免拆线的痛苦。

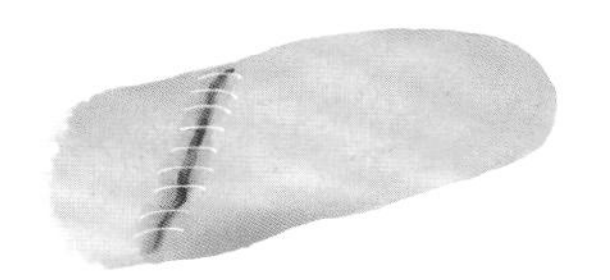
用人造蛛丝研制的医用缝合线，可以被人体吸收

小贴士

几乎每种蜘蛛都有自己独特的织网方法，它们会根据生存的环境编织出与众不同的蛛网。

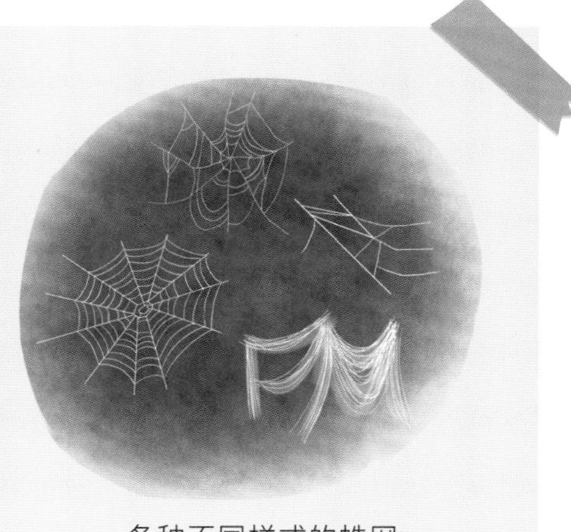
各种不同样式的蛛网

蛞　蝓

蛞蝓

蛞蝓（kuò yú）是蜗牛的亲戚，它们都是在陆地上慢慢爬的软体动物。只不过蛞蝓从来都没有壳，因此，有人叫它无壳蜗牛。为了不被晒干或热死，蛞蝓喜欢生活在阴暗潮湿的地方或地下。

蜗牛

蛞蝓外表湿润，有一片长长的足，对蛞蝓来说，这片足无比重要，因为在它爬行的时候，足会分泌出一种透明的黏液，依靠这种黏液，蛞蝓才能在物体表面上爬行，否则，它就没办法移动了。所以，蛞蝓经过的地方总会留下一道黏黏的痕迹。

蛞蝓一旦感受到威胁或惊吓，它的足就会分泌出一种黏性更强的黏液。这时候，即使用力也很难把它从物体表面抓起来，从而避免被找虫吃的鸟抓走吃掉。

蛞蝓可以分泌出一种更黏的液体，将自己牢牢粘在树叶上

科学家从蛞蝓的黏液中获得了灵感，他们分析、研究了蛞蝓黏液的组成成分，制造了一种具有超强黏性的医用黏合剂，可以将湿滑伤口周围的组织粘在一起，促使伤口更快、更好地痊愈。

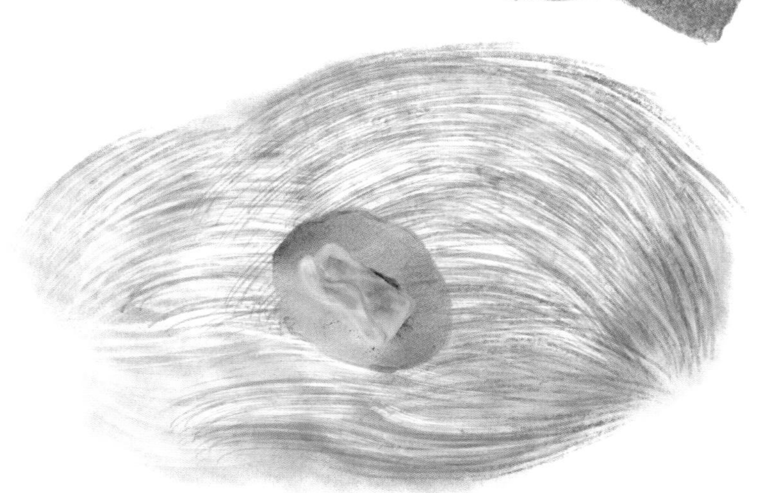
根据蛞蝓黏液研制的医用黏合剂，可以很好地将动物湿滑的伤口粘在一起

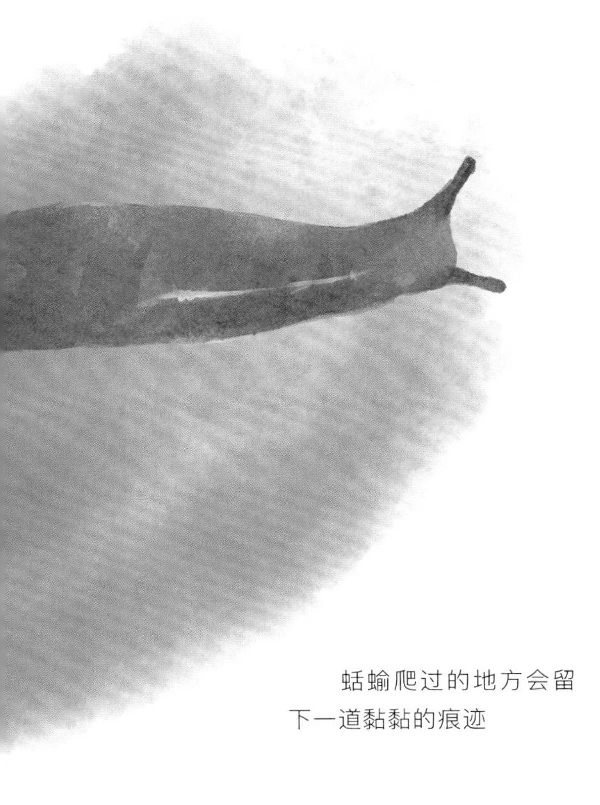
蛞蝓爬过的地方会留下一道黏黏的痕迹

小贴士

蛞蝓喜欢夜晚偷吃蔬菜和果树的叶子，对农作物来说是有害的。

蛞蝓啃食生菜叶

水　母

海洋中生活着许许多多不同种类的水母，它们千姿百态、大小不一。因为很多种类的水母都像果冻一样晶莹剔透，因此有人叫它们“果冻鱼”，但水母不是鱼。

海中各种不同种类的水母

水母的身体构造很简单，它们没有鳍，但照样可以在海洋中自由“游动”，因为它们会“喷水”。在水母像伞一样的身体下有一些薄薄的、特殊的肌肉组织，可以迅速扩张、收缩，将体内的水快速“喷”出去，从而推动自己前进。

水母依靠身体的扩张、收缩来“游动”

科学家根据水母“游动”的方式，设计出了新型的仿生机器水母，它可以像水母一样游动，还能自主调整姿态，可以较隐蔽地完成水下探索、监测等一系列工作。

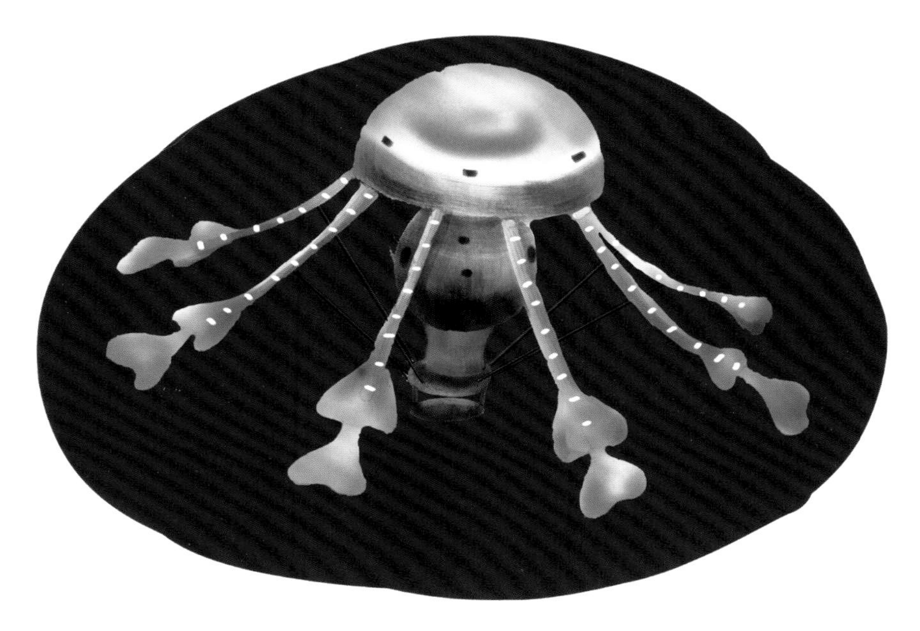

形似水母的新型仿生机器水母

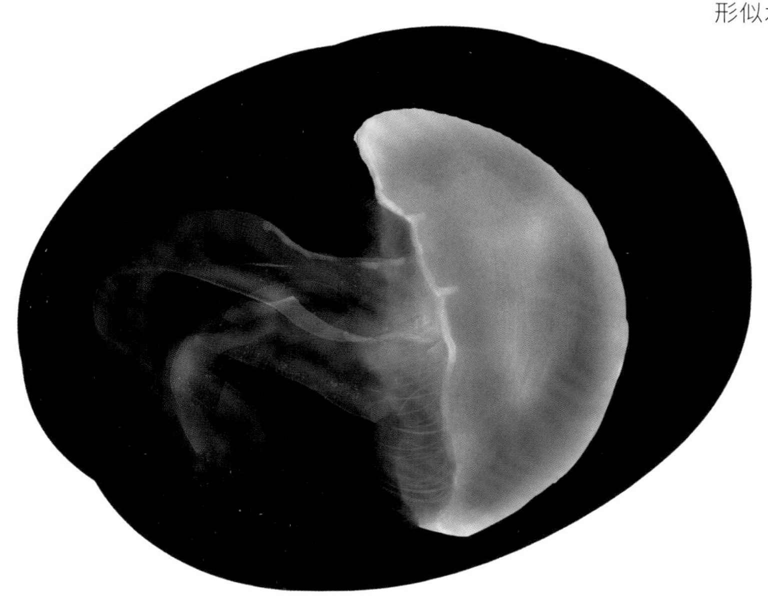

水母的听觉器官一般位于水母伞边缘的缺刻处

科学家发现游动速度不快的水母总是能躲开海上风暴，进一步研究后发现，水母有一种特殊的听觉器官，是个小小的听石，它可以使水母提前十几个小时就捕捉到风暴的次声波（一种人耳听不到的低频率声波）。

科学家模仿水母的听觉器官，研制出了风暴预测仪，将它安装在船只上，可以接收到海上风暴的次声波，从而预测风暴的移动方向和到达时间，躲开海上暴风雨的袭击。

小贴士

绝大多数水母的触手上，都有一种特殊的刺细胞，水母用它们来麻醉猎物、防御敌人，但是水母一般不会主动发起攻击。

响尾蛇

响尾蛇

响尾蛇是出了名的毒蛇，它与众不同的地方就是尾部有一串角质环。

响尾蛇遇到危险时，就会剧烈地摇动尾部，发出很大的声音，以此来警告敌人。

响尾蛇喜欢趁着黑夜捕食，在它的菜单上，有很多种小动物，比如老鼠和兔子。

响尾蛇尾部的角质环摇动时，可以发出很大的声音，也被称为响环

响尾蛇的颊窝位于它的鼻孔和眼睛之间，通过颊窝它可以感受到外界物体细微的温度变化

响尾蛇的眼睛又亮又圆，可是视觉并不发达，但这并不影响它的打猎成绩，因为它还有另一对“眼”，位于响尾蛇的颊（jiá）窝里。响尾蛇的颊窝就长在眼睛和鼻孔之间，两侧各有一个，大约一粒米那么大，呈喇叭形。

响尾蛇的颊窝对周围温度的变化十分敏感，也是感受红外线的器官。红外线是一种热能辐射线，响尾蛇通过颊窝不仅可以感受到附近恒温动物散发出的热量，还能准确判断出对方的位置。因此，响尾蛇可以在黑暗中向猎物准确地发起进攻。

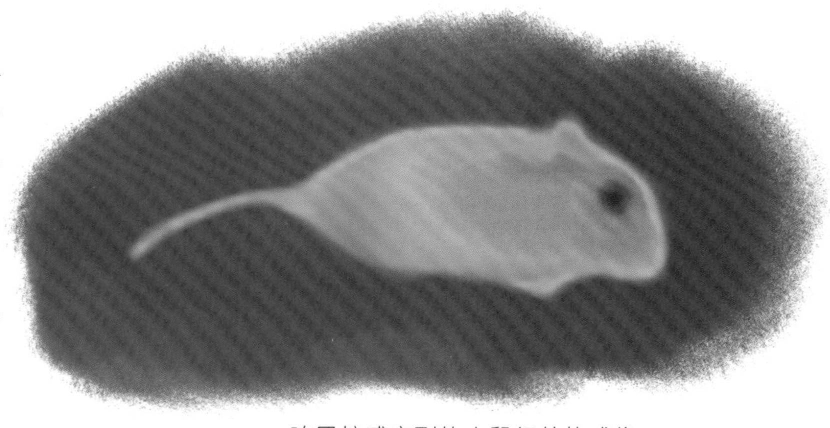

响尾蛇感应到的小鼠红外热成像

黑暗的环境下，响尾蛇的颊窝可以准确地判断出小鼠的位置，并发动攻击

人们根据响尾蛇的这个本领，设计了很多种红外线探测器。有的用于探测海底深处航行的潜艇位置，有的用于探测被埋在废墟下的人是否还活着。还有一种名叫“响尾蛇”的导弹，它的红外线探测器可以根据目标发出的红外线将其锁定，并实施精准打击。

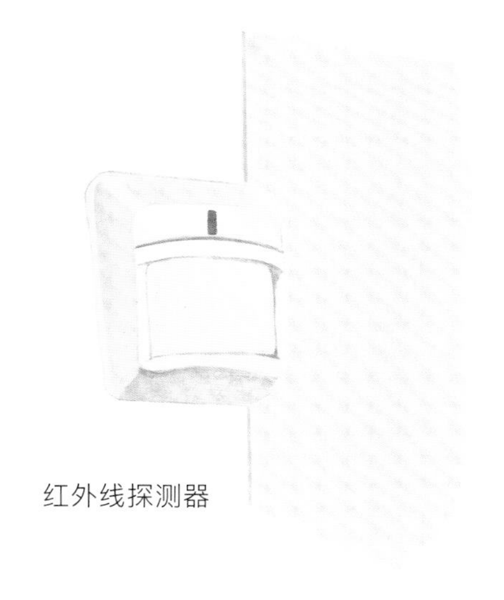

红外线探测器

小贴士

响尾蛇最擅长的就是利用毒液快速杀死猎物，它会根据猎物的大小注入一定量的毒液，但有时也不释放毒液，因为制造毒液也是需要时间和能量的。

一般来说，年龄越大的响尾蛇产生的毒液越毒，体形越大的响尾蛇制造的毒液也越多。

壁　虎

几乎所有的壁虎都擅长“飞檐走壁”，它们不仅可以在垂直的墙壁、光滑的玻璃上来去自如，还可以倒贴在天花板上而不会掉下来。

趴在墙面上的壁虎

显微镜下看到的壁虎脚掌上的刚毛

壁虎的脚掌

壁虎这样的“特技”究竟是怎么做到的呢？以前，有人认为它们的每只脚底都有吸盘，不过，现在我们已经知道，壁虎的脚底没有吸盘，而是密密麻麻的长满了刚毛，每根刚毛的直径只有人类毛发的十分之一左右，而且刚毛的末端又分叉成数百根小刚毛，像小刷子一样。

当壁虎的脚用力压在墙面上时，脚底的刚毛就会形成非常大的单向吸附力。因此，壁虎每走一小步，就相当于把脚像贴纸一样从墙上撕下来，再粘到另一处。

壁虎的“绝技”和脚底的刚毛，启发了研究人员，他们研发出了仿壁虎脚掌结构的医用绷带、胶带和贴纸等，不但黏性强、容易揭，还不会损坏伤口和物体表面，可以反复使用。

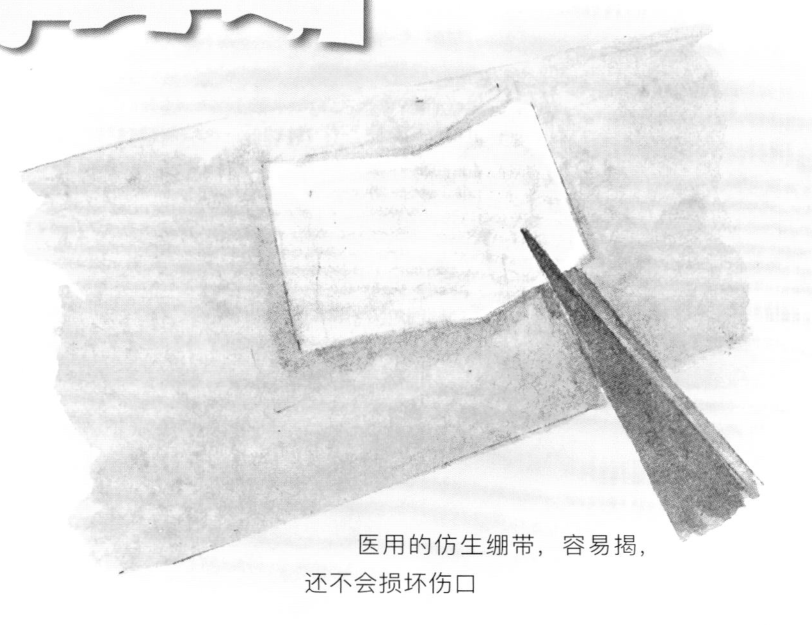

医用的仿生绷带，容易揭，还不会损坏伤口

除此之外，研究人员还仿照壁虎的运动特点，研发出了可以趴在墙上和玻璃上的机器壁虎。

仿生机器壁虎趴在玻璃上

小贴士

科学家发现，壁虎的尾巴除了可以自行截断，以帮助它逃生外，还有另一个作用：当壁虎爬墙时，如果一只脚“失足”滑落，它就会用尾巴紧紧贴住墙壁，防止自己掉下去。

遇到危险时，壁虎自行断尾逃生

乌 龟

自打从卵里孵出来，乌龟就背着一个小小的壳，连着它的头颈、四肢和尾巴。随着乌龟渐渐长大，壳也会一起慢慢变大、变硬。但乌龟永远不会长得比自己的壳还大。

乌 龟

对于一只乌龟来说，这个壳不仅是保护装置，还是自己的家。

遇到危险时，乌龟总是把头、四肢和尾巴都缩回壳里。这时候，即使是牙齿最锋利的掠食者也只能“望龟生叹”，无可奈何。

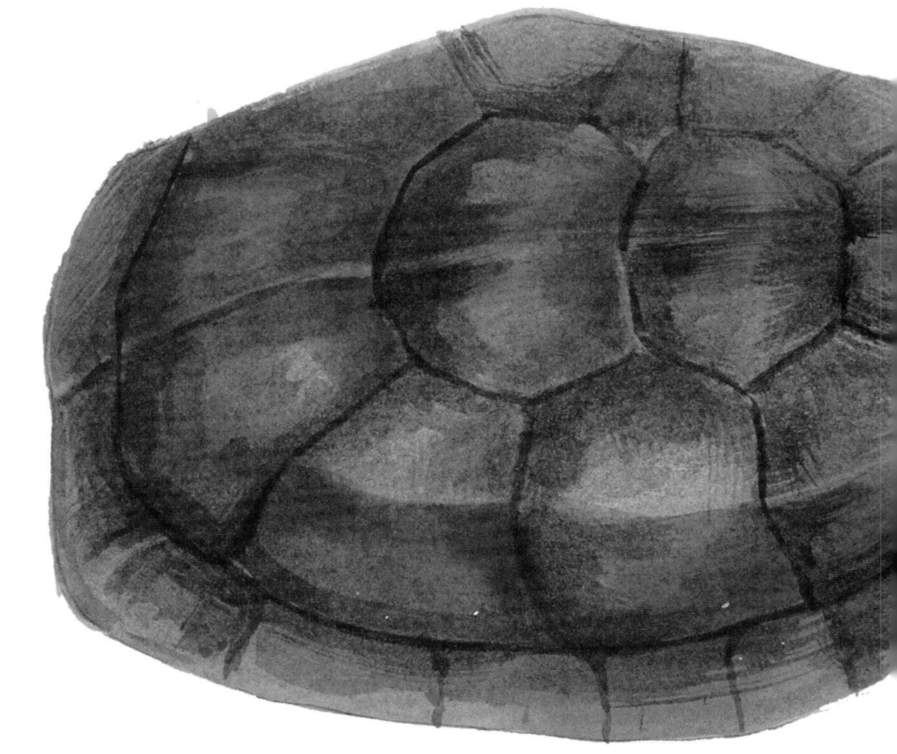

坚硬的乌龟壳

为什么乌龟不怕掠食者的牙齿呢？

因为它的壳凸起而坚实，即使遭到重物撞击，也可以将力分散开来。

聪明的科学家举一反三，根据龟壳的结构和形态，不仅造出了既节省材料又坚固耐用的薄壳建筑，如澳大利亚的悉尼歌剧院和中国的国家大剧院。还研制出了一种防弹盔甲，穿上之后，安全性可以大大增加呢。

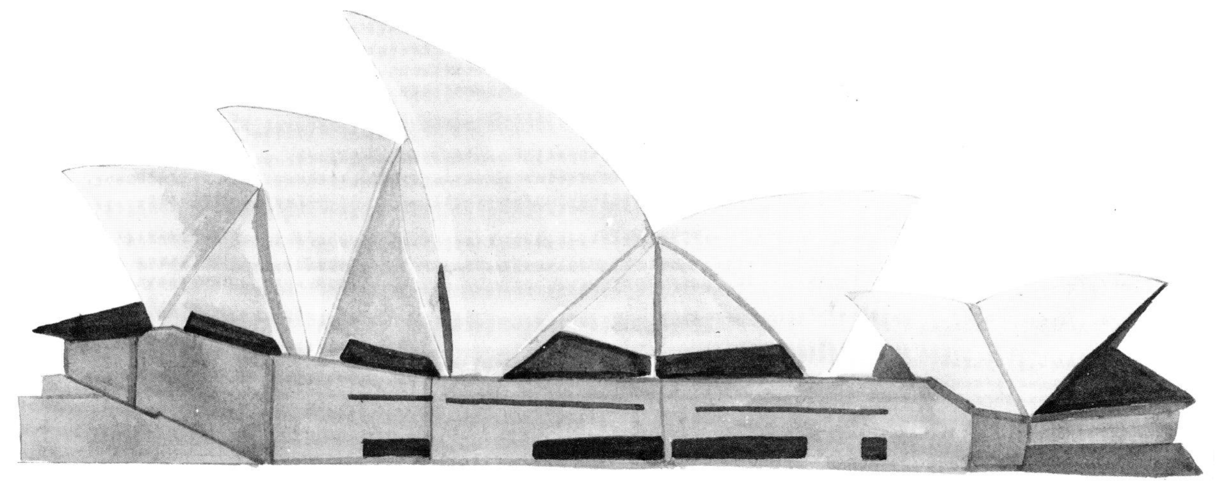

澳大利亚的悉尼歌剧院

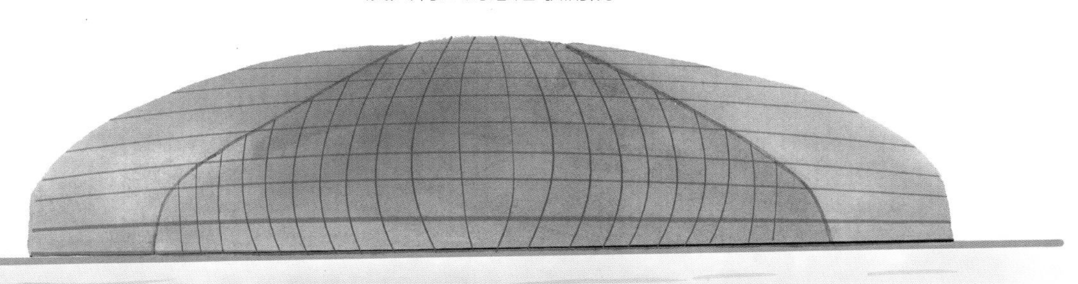

中国的国家大剧院

防弹盔甲

小贴士

龟壳是乌龟身体不可分割的一部分，如果强行给一只乌龟去壳，就等于杀了它。不过，龟壳有时候也会变软，甚至脱落，那是因为乌龟长个儿了或者缺钙了。

鲨 鱼

鲨鱼不仅是海洋中最凶猛的鱼类之一，它们游动的速度还非常快，特别是灰鲭（qīng）鲨，它最令人印象深刻的，就是它比其他鲨鱼更快的游动速度。

鲨鱼在海里的游动速度非常快

鲨鱼的身体一般呈纺锤形，还具有流线型的线条。此外，绝大多数鲨鱼还拥有非同一般的皮肤。

没错，鲨鱼的皮肤看起来很光滑，但其实有很多微小的半透明鳞片。这些鳞片十分坚硬，像盔甲一样保护着鲨鱼，而且在鲨鱼游动的时候，这些鳞片还会根据水流的方向灵活地张开或闭合，这样就可以减小鲨鱼在水中受到的阻力，让它能超快地游动。

鲨鱼流线型的外形，可以使它在水中游动时，受的阻力较小

科学家从鲨鱼的皮肤上获得了灵感，设计出了一款类似鲨鱼皮的高科技材料。这种材料十分神奇，被广泛用于泳衣和潜水服上，可使人们游动得更快。

另外，鲨鱼皮的粗糙表面结构还被应用在轮船的外壳上，可有效防止水下生物附着在轮船底部，提高航行速度。

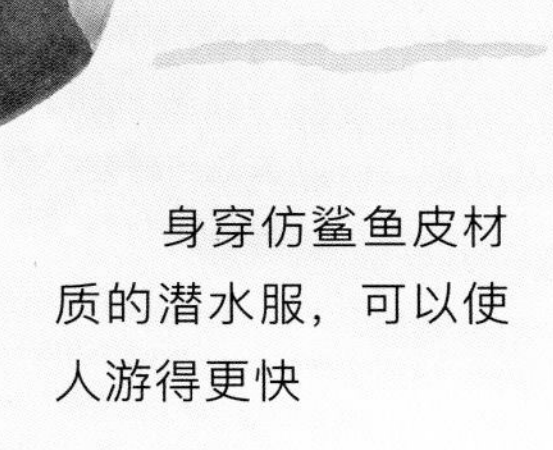

身穿仿鲨鱼皮材质的潜水服，可以使人游得更快

小贴士

鲨鱼在全球各地的海洋里都可以看到，它们捕食各种鱼类，如鲭（qīng）鱼、鲔（wěi）鱼和鲣（jiān）鱼等，有时还会捕食海豚、海龟，甚至其他鲨鱼。

鲭鱼

鲔鱼

鲣鱼

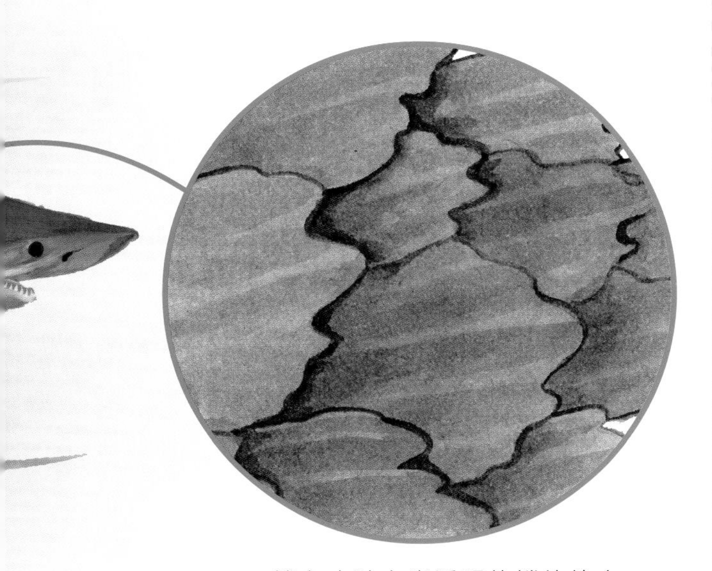

鲨鱼皮肤上半透明的鳞片放大后，可以看到“V”形的褶皱

蝙　蝠

黑暗是属于蝙蝠的。

无论是伸手不见五指的黑夜，还是漆黑的洞穴，蝙蝠都可以扇动着一对宽大的“翅膀”，无声无息地从容飞行、捕猎，这令人们十分好奇，直到人们发现了它们的“超能力”。

蝙　蝠

蝙蝠可以在黑暗中无声无息地飞行

原来，蝙蝠在飞行的时候，喉部会发出一种人的耳朵根本无法听到的高频声波——超声波，这种声波遇到物体会反弹回来，蝙蝠用耳朵接收，并传到大脑，就知道对方是猎物还是障碍物，以及形状、方向、距离等。

科学家将蝙蝠的这个本领命名为超声波回声定位系统。在自然界中，除了蝙蝠，其他一些哺乳动物和鸟类也有这种本领。

蝙蝠利用回声定位，可以准确判断猎物的距离和位置

受此启发，科学家发明了多种回声定位装置，比如雷达，以及装有声波导航装置的盲人手杖，可以监测鱼群、潜水艇或海底沉船的回声测深仪等。

雷 达

利用回声定位导航的盲人手杖

小贴士

大多数蝙蝠依靠回声定位系统侦测环境及捕捉猎物，如昆虫等，不太需要依靠视力，它们眼睛的视力也较差。然而主要吃水果、花蜜的狐蝠几乎不依靠回声定位，它们的视力也较好。

海 豚

海豚很可能是地球上最聪明、最可爱的动物之一了。它们长着大大的脑门儿，身体呈流线型，并且十分光滑。

海 豚

海豚喜欢跟在船边游泳，还会跳跃翻滚，像表演特技一样。尤其令人吃惊的是，海豚居然可以和距离很远的同伴沟通交流。

海豚跃出海面

这是因为海豚可以发出不同强度、频率很广的声波，有些声波是人耳听不到的高频率声波，但它可以传到很远的地方，而海豚的“听力”极好，可以听到并用它发达的大脑处理这些复杂的声波信息，因而就可以和同伴沟通并合作捕猎了。

科学家发现，海豚往往用低频声波来沟通，用高频声波进行回声定位，这一点和蝙蝠很像。海豚能同时听到很多频率的声音，然后选择自己想要关注的。

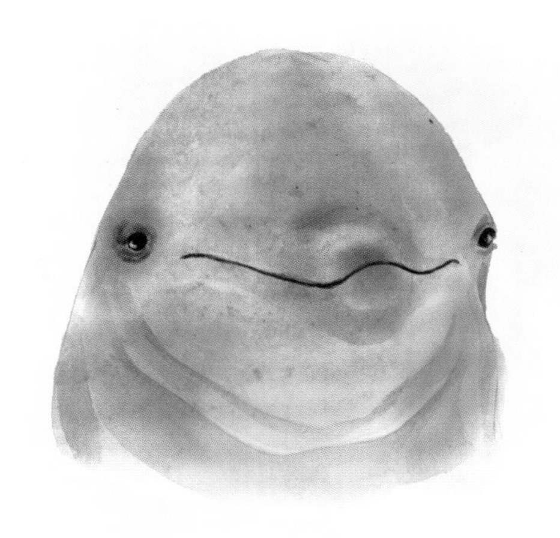

海豚用它发达的大脑处理复杂的声波信息

很多科学家认真研究了海豚的声呐系统，设计出了更好的声呐探测仪，安装在船只、潜艇上，以帮助探测、定位目标和方位。

安装有仿海豚声呐系统的潜艇，可以探测到水下冰山的位置，并绕行

小贴士

海豚利用头顶上的呼吸孔吸入新鲜空气，呼出肺部的二氧化碳等气体。当海豚潜入水中时，呼吸孔会自动紧闭起来。

海豚的呼吸孔

虎 鲸

在大海中，海洋动物们最害怕的天敌很可能就是虎鲸，因为它们不仅体形大还十分聪明，是极少数能通过镜子测试的动物。

虎鲸合作围捕猎物

虎鲸捕食海豹

虎鲸非常擅长游泳，有着锋利的、像锉刀一样的牙齿，还懂得团体协作，堪称海中霸主。

人们发现，死于虎鲸嘴下的海洋动物多达上百种，有喜欢成群结队的鱼、乌贼、海狮、海豹等，甚至还有鲨鱼和其他种类的鲸鱼。

如此可怕的虎鲸在科学家眼中却有很多特点值得学习。比如，有的科学家模仿虎鲸的身体结构，特别是背部形状，设计并改进了潜艇的顶部，使得潜艇可以顺利冲破厚厚的冰层。

虎鲸的背鳍和背部形状

根据虎鲸背部形状改进后的潜艇，更容易顶开冰层，跃出海面

小贴士

虎鲸看着镜子中的自己

虎鲸游动的冲刺速度很快，和大白鲨不相上下，可以称得上是海洋中游得最快的肉食性哺乳动物了。

什么是镜子测试呢？镜子测试是动物智能测试研究中的重要实验，主要是测试动物是否能认出镜子中的自己。

大 象

每一头大象都有一条灵活又能干的鼻子。

大象的鼻子不仅能承担闻味道等常见工作，还能从事许多其他工作，比如，用鼻子摘树上好吃的树叶和果实；把鼻子伸到河里咕嘟咕嘟地吸水，然后喷到嘴里或者身上；用鼻子投掷重物，或从地上捡起很细小的东西……

大象甩着它的长鼻子

大象用它的鼻子喝水

大象用它的鼻子摘树叶吃

总之，象鼻的本领令科学家都十分佩服，于是，他们模仿象鼻设计出了一种工具，命名为仿生抓取助手。

这种工具无论结构还是整体功能都很像象鼻，既能自由移动，还很柔软灵活，末端的夹爪上还有三根“手指”，能够夹起较小的物体，而且不会捏坏。

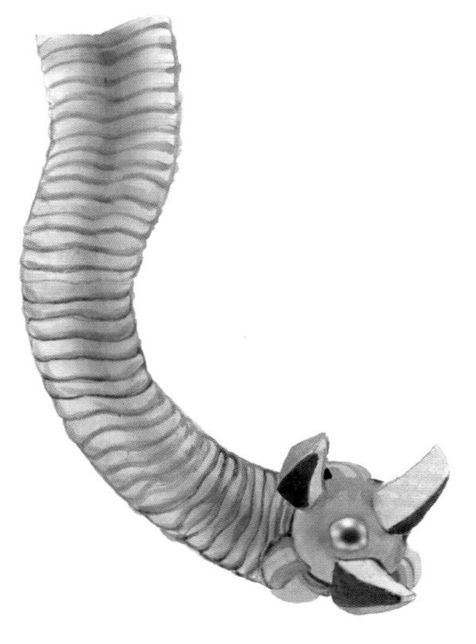

仿象鼻的抓取助手

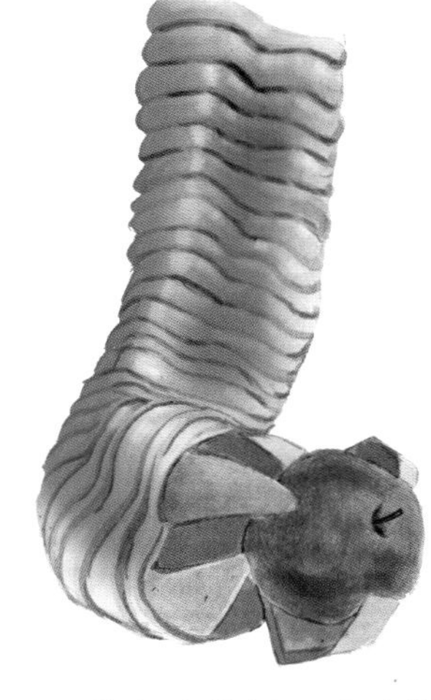

仿象鼻的抓取助手非常柔软灵活，可以轻易夹起苹果，还不会捏坏它

这种抓取助手如果碰到人的身上，还会立即缩回，也就是说，即使是和人直接接触也十分安全。科学家认为这种抓取助手未来可以用在工厂甚至人们的家里。

小贴士

人类用握手表示问候，大象见了面，则“握握”鼻子，意思是：“哦，见面啦！你好啊！”

河 马

在炎热的非洲，河马总喜欢在水塘或河流附近活动，它们不是在水边，就是泡在水里，据说河马一天能在水里泡 16 个小时。

泡在水里的河马

河马的皮肤很厚，但因为没有汗腺又很光滑，长时间被太阳晒之后，容易干裂，这时河马身上就会分泌出一种微红色的黏性液体来滋润皮肤，防止被晒伤。因为这些黏性液体是红色的，有人将之称为“血汗”。

河马身上可以分泌出一种黏性液体，既能滋润皮肤，又能防晒

科学家发现，河马的这种“血汗”还有杀菌，帮助伤口痊愈的奇效，这也是河马为什么经常打架、受伤，伤口却很少感染的原因。

两只河马在打架

现在，科学家已经从收集的河马“血汗”中分离出了河马汗酸，证实了其确实同时具有“防晒和抗菌”的功能。科学家试图合成出类似河马汗酸的成分，以便应用在防晒霜中。

小贴士

河马是陆生哺乳动物里的潜水高手，它能在水里憋气五分钟，甚至更久。而且，河马在潜水的时候，还会把耳朵和鼻孔都关闭起来，以防进水。

河马在潜水的时候，耳朵和鼻孔都会关闭起来

长颈鹿

长颈鹿是地球上最高的陆地动物。一头成年的长颈鹿身高一般都超过 5 米，有的达到 6 ～ 8 米，而长颈鹿的心脏和脑袋之间的距离大概有 3 米，其中长脖子就有大约 2 米。

这么一来，为了把血液经由长长的脖子成功输送到大脑，长颈鹿的血压也必须很高。

长颈鹿是最高的陆地动物

据科学家测定，长颈鹿的血压大约是人类的2.5～3倍。如果人类的血压升到这么高，一定承受不了而有生命危险，然而，长颈鹿就不会。

即使长颈鹿低下头喝水，使血压又升高了一些时，它也不会因高血压而头晕脑涨。

长颈鹿喝水时，要低下头、叉开腿

为了弄清长颈鹿能够承受如此高的血压的奥秘，科学家进行了仔细研究，发现这主要和长颈鹿的皮肤有关。

长颈鹿的皮肤不仅厚，而且非常紧绷，尤其是当长颈鹿低头时，脖子上的皮肤紧紧地箍住血管，皮肤对血管的压力限制了血压突然的大幅改变。

长颈鹿的皮肤又厚又紧绷

受此启发，科研人员发明了抗荷服。抗荷服通过充气的方式对人体血管产生压力，保证身体各部分尤其是脑部的供血正常。宇航员或飞行员穿上抗荷服之后，即使在突然加速爬升时，依然能保持血压正常。

飞行员的抗荷服

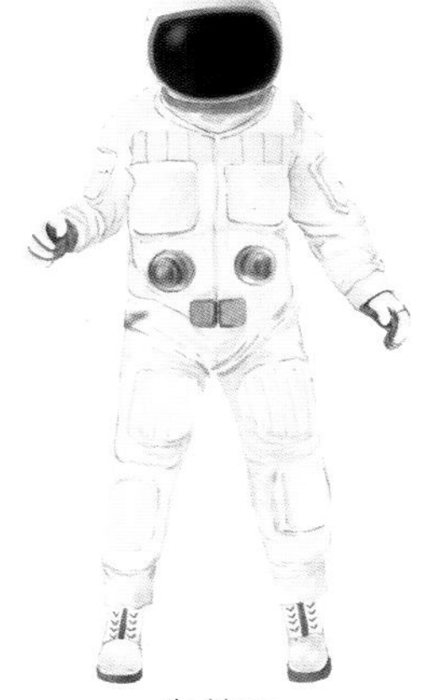

宇航服

小贴士

长颈鹿的脖子为什么这么长？说法很多。

有人说是优胜劣汰，脖子不够长，吃不饱的长颈鹿被自然淘汰了；有人说是长颈鹿为了吃到非洲大草原上其他动物够不到的食物；还有人说，雄性长颈鹿是为了能在“脖斗”（长颈鹿之间喜欢用脖子打架）中获得胜利，从而获得雌性长颈鹿的青睐。

你觉得呢？

长颈鹿用它们的长脖子打架